大连市现代服务职业教育集团 组编

畜牧兽医专业教学标准

（中等职业学校适用）

主　　编：刘精良

副主编：刘志彬　宋晓刚　肖忠波

编　　者：韩秀丽　宋清豪　陈福斗

　　　　　李艳淞　郭　涛　蔡云辉

　　　　　王昆鹏　张　瑜　孙洪军

辽宁师范大学出版社

·大连·

ⓒ 刘精良　2017

图书在版编目(CIP)数据

畜牧兽医专业教学标准/刘精良主编. —大连：
辽宁师范大学出版社,2017.7
ISBN 978-7-5652-2312-9

Ⅰ. ①畜… Ⅱ. ①刘… Ⅲ. ①畜牧学－课程标准－中
等专业学校－教学参考资料 ②兽医学－课程标准－中等专
业学校－教学参考资料 Ⅳ. ①S8—41

中国版本图书馆 CIP 数据核字(2017)第 162142 号

出 版 人:王　星
责任编辑:张玉萍
责任校对:赵文靓
装帧设计:杨茗涵
出 版 者:辽宁师范大学出版社
地　　址:大连市黄河路 850 号
网　　址:http://www.lnnup.net
　　　　　http://www.press.lnnu.edu.cn
邮　　编:116029
电　　话:(0411)84259135
印 刷 者:大连海大印刷有限公司
发 行 者:辽宁师范大学出版社
幅面尺寸:145 mm×210 mm
印　　张:2.5
字　　数:40 千字
出版时间:2017 年 7 月第 1 版
印刷时间:2017 年 7 月第 1 次印刷
书　　号:ISBN 978-7-5652-2312-9
定　　价:8.00 元

出版说明

为了履行服务区域经济产业结构优化升级的职责,贯彻落实中共大连市委、大连市人民政府《关于实施服务业优先发展战略的若干意见》(大委发[2015]13号)、《大连市中长期教育改革和发展规划纲要(2010—2020年)》和《大连市人民政府关于加快发展现代职业教育的实施意见》,全面推进中等职业教育教学改革,使全市中等职业学校教育教学工作尽快实现规范化、制度化,整体提升办学水平和教育质量,根据教育部颁发的《中等职业学校专业目录(2010年修订)》和关于中等职业教育教学改革的一系列文件精神,针对大连市职业教育发展现状,大连市现代服务职业教育集团组织相关行业专家,企业能工巧匠和教学经验丰富、实践能力强的中等职业学校教师,在大连市教育局、大连市财政局、大连市职业技能鉴定中心的支持和指导下,编写了《畜牧兽医专业教学标准》一书。

《畜牧兽医专业教学标准》的编写,借鉴了发达国家和我国先进省市的职业教育教学、课程开发理念和开发方法,结合大连市中等职业教育教学改革实际,坚持育人为本,把学生职业生涯发展作为出发点和落脚点,面向经济社会发展和职业岗位需要。在课程设置上,坚持以人才市场调研和职业能力分析为基础;促进中等职业学校的专业与产业、企业、岗位对接,专业课程内容与行业规范和职业标准对接,教学过程与生产服务过程对接,学历证书与职业资格证书对接,职业教育与终身学习对接;建立以职业素养和能力为本位的专业课程体系和专业教学标准,推进职业教育同行业企业的深度合作与融合。

本书的编写遵照了《教育部办公厅关于制订中等职业学校专业教学标准的意见》的要求,保证了专业教学标准体例的规范化。《畜牧兽医专业教学标准》符合大连市服务业产业结构调整的新要求,体现出大连地区的特色,充分展现出"产教融合、校企合作""理实一体化"等先进的职业教育理念,有准确的人才培养目标定位,科学合理、内容全面、层次清晰的课程体系,同时也反映出大连市中等职业学校的专业与行业企业标准结合紧密,在辽宁省中等职业教育专业教学标准建设中处于领先水平,对中等职业教育专业教学标准建设具有重要的引领和指导作用。

大连市现代服务职业教育集团

2017 年 3 月

前　言

自"十三五"规划实施以来,大连市畜牧业发展迅速。为着力推进畜牧业健康养殖,努力提高畜牧业发展水平,积极构建现代畜牧业产业体系,走产出高效、产品安全、资源节约、环境友好的畜牧业现代化道路,大连市迫切需要大量的一线畜牧兽医应用型技能人才。

与此同时,国家中等职业学校畜牧兽医专业的教学体系,即《中等职业学校畜牧兽医专业教学指导方案》是2001年建立并推广的,为当时的社会培养了大量的畜牧兽医专业人才。但是,随着社会的快速发展,原有学科体系下的教学内容已不能很好地适应当今社会人才培养的实际需要,培养出的学生已不能完全适应现代畜牧业的发展需求,因此,大连市急需编制一部新的指导性教学标准,以满足畜牧兽医专业教学。

2015年,我们根据大连市现代服务职业教育集团的工作部署,进一步落实国家关于"大力发展职业教育,职业教育要面向人人,面向社会"、"着力培养学生的职业道德、职业技能和就业创业能力"和"专业教学要求与企业岗位技能要求对接、专业课程内容与职业能力标准对接、毕业生素质与用人单位需求对接"的指示精神,同时坚持"贴近学生、贴近社会、贴近岗位"的指导思想和"科学性、客观性、规范性、实用性、导向性、时代性"的编写原则,遵循"以服务为宗旨,以就业为导向,以能力为本位,以发展职业技能为核心"的职业教育培养理念,会同行业专家通过大量的社会调研考证,结合本地区特色,研发并编写了《畜牧兽医专业教学标准》一书。

全书内容分为两个部分:第一部分为《畜牧兽医专业教学标准》(以下简称《标准》),第二部分为本标准的开发调研报告。本标准具有如下特色:

1. 将人才培养目标与人才培养规格合二为一,从知识、能力、素质三个层次着手培养学生。

2. 在教学改革上改变原有的教学模式,结合学生的不同需求,将专业划分为若干个发展方向,增加了学生学习的自由度,使定位更为准确。构建"一主多辅"的新型教学研究理念,即"二三一"理念:利用前两个学期的时间搭建专业平台,完成对六门专业核心课程的学习;在中间三个学期内进行定向分流,让学生根据自己的意愿选择适合自己的专业方向,完成三个专业方向技能课程中的任意一个学习任务;到最后一个学期,毕业生分方向到企业顶岗实习,高职预科班学生复习高考科目并向高等院校冲刺。学生经过在校学习和企业实践,按专业方向选择就业岗位或参加高职考试,实现就业分流,也更有利于自己掌握知识、形成职业能力和实现理想。

3. 按照职业岗位群中的具体工作内容细化职业能力,根据职业能力合理定位能力素质,结合相应的职业技能鉴定培养学生的职业能力和职业素质。

4. 在专业标准中突出地方特色。考虑到大连地区尤其是庄河当地的实际情况,在选修课特种经济动物养殖中,将大骨鸡养殖作为地方典型品种予以教学,要求学生掌握地方特色品种——庄河大骨鸡的饲养管理技术,丰富教学内容,扶植地方品种,增加学生的就业途径。

5.量化学生毕业顶岗实习考核评价办法,使学生能全身心地投入顶岗实习过程当中。

6.量化评价标准,以达到培养学生综合能力的目的。

本标准是在大连市现代服务职业教育集团、辽宁现代农业职业教育集团的组织和指导下编写完成的。在编写过程中,大连市现代服务职业教育集团领导、大连市职业技术教育培训中心王健主任都给予了大力支持与指导;大连市现代服务职业教育集团执行理事长、大连市商业联合总会常务副会长安如磐教授,大连市现代服务职业教育集团副理事长、大连职工大学、大连商业学校邓国民校长,大连市现代服务职业教育集团常务理事、庄河市职业教育中心梁传祥校长,辽宁现代农业职业教育集团养殖类专业群工作委员会副主任、辽宁农业职业技术学院畜牧兽医系鄂禄祥主任,辽宁现代农业职业教育集团副秘书长、抚顺市农业特产学校赵卫莉副校长,抚顺市农业特产学校养殖科何国新科长,辽宁现代农业职业教育集团副秘书长、建平县职业教育中心安广存副校长,辽宁现代农业职业教育集团董事、阜新市第二中等职业技术专业学校包研新副校长等领导也多次对本标准的编写给予了悉心的关怀和支持;辽宁现代农业职业教育集团养殖类专业群工作委员会常务副主任、辽宁农业职业技术学院发展规划处处长宋连喜教授,大连市畜牧技术推广站陈大君站长,大连教育学院职成处主任曲春生教授,辽宁现代农业职业教育集团养殖类专业群工作委员会秘书长、辽宁农业职业技术学院朋朋宠物科技学院党委书记田长永副教授,大连教育学院教研员杨传旭老师等行业专家在审阅本标准时,提出了指导与修改意见;辽宁辉山乳业集团有限公司、大连市华康成三牧业有限公司、大连市成三畜牧业有限公司、大连市龙城食品集团有限公司、大连市龙城食品集团饲料加工有限公司、大连市龙城食品集团肥业有限公司、大连市龙城内原生物科技有限公司、丹东市东港双增种猪育种中心、丹东市东港双增食品加工厂、丹东市东港双增大海饲料厂、抚顺市乐康动物门诊、庄河市农村经济发展局、庄河市动物疫病预防控制中心、庄河市畜牧技术推广站、庄河市动物卫生监督所、庄河市青堆动物卫生监督所、庄河市黄皎兽药饲料服务中心、庄河市鹏辉养猪专业合作社、庄河市大营镇养猪专业合作社、庄河市赫鹏养猪场、庄河市北山种畜场、庄河市实佳水貂繁育场、庄河市徐伟宠物用品超市、庄河市大骨鸡繁育中心等单位的专家行业组织和企业也针对本标准的研发给予了大力支持和指导。在此,谨向上述领导、专家和企业表示衷心的感谢!

本标准由刘精良担任主编,负责全书的整体策划及提纲的撰写,刘志彬、宋晓刚、肖忠波担任副主编,韩秀丽、宋清豪、陈福斗、李艳凇、郭涛、蔡云辉、王昆鹏、张瑜、孙洪军等也参与了编写。

本标准的编写若有不足之处,敬请专家、同仁和广大读者提出宝贵意见并批评指正,以便为今后的修订工作提供依据和参考。

编者

2017 年 3 月

目录

第一部分
畜牧兽医专业教学标准
（中等职业学校适用）

一、专业名称

中文名称：畜牧兽医

英文名称：Animal Husbandry and Veterinary Medicine

专业代码：012000

二、入学要求

初中毕业生或具有同等学力者。

三、基本学制

三年，实行学分制，以修满规定学分为准，可实行弹性学制。

四、人才培养目标与规格

本专业主要面向畜牧兽医企业、行业及其相关产业，培养与畜牧业发展相适应，具有良好的思想道德素质、职业素养和文化水平，掌握畜牧兽医行业岗位必备的文化基础知识、专业基础知识和基本操作技能，具备解决畜禽生产、动物疾病防控、宠物养护等生产实际问题的能力，能够推广新知识、新工艺、新技术、新方法，胜任畜牧兽医一线工作，符合懂技术、会管理要求的德、智、体、美全面发展的高素质劳动者和技能型人才。

本专业毕业生应具有以下专业知识、专业技能和职业素养：

（一）专业知识

1. 动物生产、管理、护理基本知识；

2. 牧场环境卫生控制知识；

3. 动物疾病预防、诊断及治疗知识；

4. 实验室常规诊断知识，动物防疫、检疫知识；

5. 宠物饲养保健、美容和护理的有关知识。

（二）专业技能

1. 生产情况分析能力；

2. 畜禽生产管理能力；

3. 简单的饲料配制能力；

4. 畜禽疾病初步诊断与处理的能力；

5. 畜牧场卫生防控能力；

6. 初步分析判断新疫情的发生及处理能力；

7. 实验室疾病鉴别诊断能力；

8. 宠物饲养保健、美容和护理等相关能力。

（三）职业素养

1. 思想道德素质

（1）热爱祖国，拥护党的基本路线，具有坚定正确的政治方向；

（2）努力学习马克思列宁主义、毛泽东思想、邓小平理论、"三个代表"重要思想、科学发展观；

（3）具有科学的世界观、正确的人生观和价值观，具有顾全大局、吃苦耐劳、艰苦奋斗、乐于奉献的敬业精神和责任感；

（4）树立良好的社会公德和职业道德，具有法制观念和公民意识，正确运用法律赋予的民主权利，自觉履行法律规定的义务，遵守校规校纪。

2. 文化能力素质

（1）了解社会科学和人文科学的基本知识，为"学会做人"

奠定初步的文化基础和素质基础；

（2）具有良好的社会责任感和关心他人、团结互助的品格；

（3）养成文明的行为习惯和自尊、自强、自爱、诚实、守信的优良品质；

（4）初步养成文明的礼仪和健康高雅的审美情趣，具备一定的艺术鉴赏能力；

（5）具备较高的语言文字表达能力和计算机操作能力，具备一定的外语交际能力。

3. 身心素质

（1）了解体育运动和卫生保健基本知识；

（2）掌握科学锻炼身体的基本技能，养成锻炼身体的良好习惯，达到国家规定的中学生体育合格标准；

（3）了解心理学和心理卫生健康的基本知识；

（4）具有较强的心理适应能力，能正确处理自身的理性、情感、意志方面的矛盾，有克服困难的信心和决心，具有健全的意志品质；

（5）具有良好的人际关系，为人真诚、坦荡。

4. 职业素质

（1）掌握与职业岗位有关的专业知识和专业技能；

（2）热爱本职工作，具备高尚的职业道德；

（3）具有较快适应生产、管理第一线岗位需要的实际工作能力；

（4）具有在职业岗位相关领域从事专业技术活动的能力；

（5）具有评价、吸收和利用国内外新技术的能力；

（6）具有创新精神和自学发展的能力。

五、职业能力

职业岗位群	职业能力	能力素质要素	能力考核
畜禽生产	1.生产情况分析能力 2.养殖技术指导能力 3.生产工艺流程和指标管理的能力 4.发情鉴定能力 5.精液采集及品质检查能力 6.人工授精能力 7.早期妊娠诊断能力 8.人工孵化能力 9.饲养场地环境卫生及消毒能力	1.具有良好的职业道德,树立效率意识,关心企业的经营发展。 2.掌握不同生产阶段的动物饲养技术。 3.掌握母畜发情鉴定的方法。 4.掌握畜禽精液采集及品质检查的方法。 5.掌握畜禽人工授精技术的操作要领。 6.掌握母畜早期妊娠诊断的方法。 7.掌握家禽孵化技术。 8.掌握动物防疫保健与管理技术。 9.掌握养殖场设备使用方法。 10.对生产过程进行记录。 11.对工作过程进行评价。	通过家畜饲养工、家禽饲养工、家畜繁殖工、家禽繁殖工职业技能鉴定。

职业岗位群	职业能力	能力素质要素	能力考核
		12.养殖场环境卫生合理建设。 13.掌握市场、行业情况,并对市场进行初步预测。	
动物疾病预防及控制	1.动物保定能力 2.注射药物能力 3.药物配伍能力 4.疾病诊治能力 5.实验室常规诊断能力 6.动物解剖及判定病理变化能力 7.动物普通病的诊断与防控能力	1.树立防重于治的意识,有法制观念和意识,具有良好的职业道德。 2.熟练保定动物的方法。 3.熟练应用多种给药方法为动物治疗疾病。 4.熟练配伍和安全使用兽药。 5.熟练使用疫苗等生物制剂。 6.熟练采集、保存、送检病料,并能独立完成药物敏感试验。 7.掌握对动物临床健康检查等防治技能。 8.能够诊断与防控动物普通病。	通过动物疫病防治员、动物检疫检验员、兽医化验员职业技能鉴定。

职业岗位群	职业能力	能力素质要素	能力考核
宠物养护	1.宠物美容与基础护理能力 2.宠物饲养管理能力 3.宠物发情鉴定及宠物早期妊娠诊断能力 4.宠物疫病防控能力 5.宠物常见病诊治与护理能力	1.懂美学、有美感,具有良好的职业道德。 2.了解宠物的生活习性,会选购宠物。 3.掌握专业美容工具的使用方法,并能从事常见的宠物美容工作。 4.掌握宠物基础护理技术。 5.能根据宠物特点设计和制作相应的服饰。 6.掌握饲养、繁殖和管理宠物的技术。 7.能对常见的宠物疾病做预防、控制和护理。	通过宠物健康护理员、宠物驯导师职业技能鉴定。

六、就业方向

毕业生可以在畜禽养殖企业、畜禽屠宰加工企业、饲料厂、兽药厂、宠物诊疗机构、宠物美容医院等单位担任畜禽饲养技术员、动物疫病防疫检疫员、动物疾病防治员、兽药营销员、饲料营销员、宠物疾病防治员、宠物美容员或宠物用品经销员。经过专业能力、社会能力的进一步锻炼提升，成为兽医院或宠物医院的主治医师、化验师，动物养殖场技术场长，兽药厂、饲料厂区域经理或部门经理等。毕业生也可以自主创业，开办各类养殖场、兽医院、宠物医院、宠物美容院、饲料厂、兽药厂等。

本专业毕业生还可以通过参加相应考试进入高等院校学习。

七、主要接续专业

高职：畜牧兽医专业、宠物养护与驯导专业、动物医学专业。

本科：动物科学专业、动物医学专业。

八、课程结构

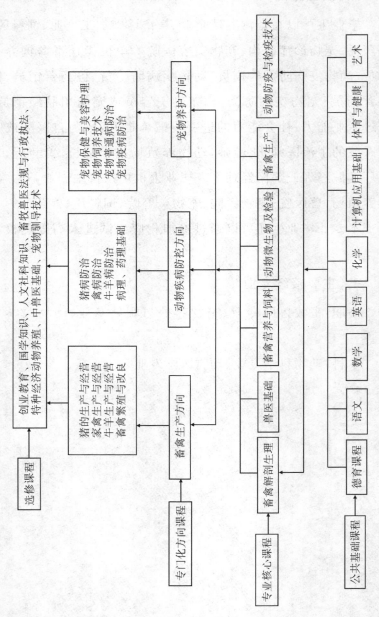

九、课程设置及要求

本专业课程设置分为公共基础课程、专业课程。

公共基础课程包括德育课,文化课,体育与健康,艺术课,心理健康课以及利于就业、创业和提升素质的选修课。

专业课程包括专业核心课程、专门化方向课程、综合实训课程。

(一)公共基础课程

序号	课程名称	主要教学内容和要求	参考学时
1	入学教育与军训	了解学校有关制度,适应学校学习生活。学习军事知识与国防知识,初步具有军人的作风,且有较强的纪律观念、集体主义观念,培养良好的个人生活习惯、学习习惯。	36
2	职业道德与法律	依据《中等职业学校职业道德与法律教学大纲》开设此课程,通过对该课程的学习,使学生能够了解相关法律知识和本行业的法律法规,自觉遵纪守法,依法办事;能够运用创业知识形成依法就业、竞争上岗等符合时代要求的观念,增强自主择业、创业的自觉性。	36

序号	课程名称	主要教学内容和要求	参考学时
3	哲学与人生	通过对该课程的学习,使学生能够学习运用辩证唯物主义和历史唯物主义的观点和方法,正确看待自然、社会的发展,正确认识和处理人生发展中遇到的问题,树立和追求崇高理想,逐步形成正确的世界观、人生观、价值观。	36
4	职业生涯规划	依据《中等职业学校职业生涯规划教学大纲》开设此课程,通过对该课程的学习,使学生能够适应中职学生的学习生活和人际交往,尽快完成角色的转变;能够了解专业性质、专业能力要求、专业学习的价值和专业前景等,激发学习动力;能够了解自己的特长与潜能、优势与不足,正确认识自我;能够初步认识职业生涯规划的重要性,明确职业导向;能够树立职业理想,形成正确的职业价值观,为今后就业早做准备。	36

序号	课程名称	主要教学内容和要求	参考学时
5	经济政治与社会	通过对该课程的学习,学生能够认同我国的经济、政治制度,了解所处的文化和社会环境,树立中国特色社会主义共同理想,积极投身我国经济、政治、文化、社会建设。	36
6	语文	依据《中等职业学校语文教学大纲》开设此课程,在九年制义务教育的基础上,培养学生热爱祖国语言文字的思想感情,使学生能够进一步提高正确理解与运用祖国语言文字的能力,提高科学文化素养,以适应就业和创业的需要;能够掌握必需的语文基础知识,具备日常生活和职业岗位的现代应用文阅读能力、写作能力、口语交际能力,具有初步的文学作品欣赏能力;能够掌握基本的语文学习方法,养成自学和运用语文的良好习惯,重视语文的积累和感悟,接受优秀文化的熏陶,提高思想品德修养和审美情趣,形成良好的个性和健全的人格,促进职业生涯的发展。	180

序号	课程名称	主要教学内容和要求	参考学时
7	数学	依据《中等职业学校数学教学大纲》开设此课程,在九年制义务教育的基础上,使学生能够进一步学习并掌握生产生活和职业岗位必需的数学基础知识;培养学生的计算技能、计算工具使用技能和数据处理技能;培养学生的观察能力、空间想象能力、分析解决问题能力和数学思维能力;引导学生逐步养成良好的学习习惯、实践意识、创新意识和实事求是的科学态度,提高学生就业创业能力。	180
8	英语	依据《中等职业学校英语教学大纲》开设此课程,在九年制义务教育的基础上,帮助学生进一步学习英语基础知识,培养学生听、说、读、写等语言技能,初步形成职场英语的应用能力;激发学生学习英语的兴趣,使学生能听懂简单对话和短文;能围绕专业问题进行初步交流,能读懂简单应用文;培养学生自主学习和继续学习的能力。	180

序号	课程名称	主要教学内容和要求	参考学时
9	化学	依据《中等职业学校化学教学大纲》开设此课程,在九年制义务教育的基础上,使学生认识和了解与化学有关的自然现象和物质变化规律;帮助学生获得专业学习所需的化学基础知识、基本技能和基本方法;引导学生养成严谨求实的科学态度,提高学生的科学素养和职业能力,为其职业生涯发展和终身学习奠定基础。	72
10	计算机应用基础	依据《中等职业学校计算机应用基础教学大纲》开设此课程,帮助学生学习计算机的基础知识、常用操作系统的使用、文字处理软件的使用、计算机网络的基本操作和使用,使他们通过学习,掌握现代办公中的文字处理、表格设计、演示文稿、网上浏览、电子邮件通信等常用软件的使用方法;能够具有一定的文字处理能力,数据处理能力,信息获取、整理、加工能力,网上交互能力,为以后的学习和工作打下基础。	144

序号	课程名称	主要教学内容和要求	参考学时
11	体育与健康	依据《中等职业学校体育与健康教学大纲》开设此课程,培养学生学习体育与卫生保健的基础知识和运动技能,掌握科学锻炼和娱乐休闲的基本方法,养成自觉锻炼的习惯;培养学生自主锻炼、自我保健、自我评价和自我调控的意识,全面提高学生身心素质和社会适应能力,为终身锻炼、继续学习与就业创业奠定基础。	180
12	艺术	通过该课程的教学,使学生能够进一步学习音乐、美术基础知识,从而形成相应的基本能力;并通过艺术活动的组织和参与,提高学生自身的审美素质和文化修养,丰富精神世界,发展形象思维,激发创新意识,促进学生健康成长。	72
13	心理健康	通过案例式的教学模式,运用有关心理教育方法和手段,培养学生良好的心理素质,促进学生的身心全面和谐发展,提高学生的心理素质水平。	36

（二）专业课程

1.专业核心课程

序号	课程名称	主要教学内容和要求	参考学时
（1）	畜禽解剖生理	本课程主要讲授家畜的细胞、组织、器官、系统的基本知识。通过对该课程的学习,学生能够掌握各组织器官的形状、位置,了解相关动物解剖的知识;学习动物机体各系统的构成及主要器官的形态、位置、结构和机能;能熟练使用显微镜;能在活体上识别结构标志、家畜主要器官的体表投影;掌握畜禽解剖技术,能在尸体上准确描述各器官的位置、形态和结构。	144

续表

序号	课程名称	主要教学内容和要求	参考学时
（2）	兽医基础	本课程主要讲授动物疾病诊断技术和动物疾病治疗技术。通过对该课程的教学，能够引导学生掌握疾病的基本概念、原因、类型、发病机理、结果与影响，区分常见的病理变化；掌握兽医临床基本药物的知识；掌握部分抗微生物药物的分类、作用特点、作用机理、不良反应、注意事项、耐药性，能够合理应用临床常用的微生物治疗药物。引导学生学会接近与保定各种动物，掌握临床诊断的基本方法；熟练掌握呼吸系统、消化系统的临床检查方法；学会畜禽的剖检方法；了解消毒和麻醉的基本知识；掌握组织切开、止血、缝合的基本方法；熟练掌握各种给药方法；掌握各种助产和冲洗技术。	144

续表

序号	课程名称	主要教学内容和要求	参考学时
（3）	动物微生物及检验	本课程主要讲授微生物的形态、结构、生长、繁殖与培养方法、微生物与外界环境的关系、免疫、血清学试验、生物制品应用、免疫防治的原理和实践操作知识等。通过该课程的教学,能够使学生具备进入实际工作岗位所必需的微生物基本知识和基本技能。	72
（4）	畜禽营养与饲料	本课程主要讲授动物营养基础、畜禽营养需要、饲料营养特点及合理利用、饲料加工与调制和饲料配方设计等基本知识。通过该课程的教学,能够使学生具备饲料加工、饲料检测及日粮配合的能力。	144

序号	课程名称	主要教学内容和要求	参考学时
(5)	畜禽生产	本课程主要讲授猪、鸡、牛、羊的品种选择及繁育技术。通过该课程的教学,能够使学生掌握猪、鸡、牛、羊等动物各养殖阶段的饲养管理方法,了解养殖场的经营管理;掌握家畜的发情鉴定、妊娠诊断技术、精液处理技术、畜禽输精技术和家畜接产技术。	144
(6)	动物防疫与检疫技术	本课程主要讲授动物防疫与检疫的基本概念,动物疫病发生、流行、扑灭等基本知识。通过该课程的教学,能够使学生掌握动物检疫的基本程序和内容,具备选购、配制消毒药品和进行消毒的能力,开展产地检疫和宰后检验工作,掌握各类检疫证明的撰写方法及内容。	72

2. 专门化方向课程

序号	专业方向	主要课程及教学内容要求	参考学时
(1)	畜禽生产方向	①猪的生产与经营(72学时)： 　　使学生掌握各种类型猪的饲养管理技术；了解猪的生物学特性和猪行为学特点、猪的品种选择方法及杂交利用途径；了解猪场的经营管理。 ②家禽生产与经营(72学时)： 　　使学生了解家禽的生物学特性及生理特点，家禽的主要品种及生产性能，养禽场工程设施管理等基本知识；掌握家禽人工授精及大群配种基本知识；掌握家禽人工孵化基本知识；掌握蛋鸡、肉鸡、种鸡、肉鸭、肉种鸭、鹅的饲养管理要点。 ③牛羊生产与经营(72学时)： 　　使学生掌握各种类型牛羊的饲养管理技术；了解羊的生物学特性和行为学特点；学会牛羊的外貌鉴定；了解牛羊场的经营管理。 ④畜禽繁殖与改良(72学时)： 　　使学生掌握畜禽繁殖与改良技术，能进行发情鉴定和人工授精等工作。	288

序号	专业方向	主要课程及教学内容要求	参考学时
(2)	动物疾病防控方向	①猪病防治(72课时)： 使学生了解猪常见疾病；掌握猪常见病临床症状、病理剖检变化，并制订防治措施，熟练掌握预防接种操作方法，能利用实验诊断技术对一些猪的常见病进行诊断，并能正确防治。 ②禽病防治(72课时)： 使学生掌握家禽常见传染病、寄生虫病、普通病的病因、临床症状、病理变化和防制措施，掌握家禽的免疫接种程序、药物预防程序和禽舍的消毒程序，能够诊断和防治家禽的常见疾病。 ③牛羊病防治(72课时)： 使学生了解牛羊常见病发生的病因，掌握牛羊常见病的诊断、治疗和预防，熟练掌握预防接种的操作方法，掌握驱虫和药浴的操作方法，掌握牛羊疾病的诊断并制订防治措施，基本掌握养牛(羊)场疫病防治程序的设计方法。	288

序号	专业方向	主要课程及教学内容要求	参考学时
（2）	动物疾病防控方向	④病理、药理基础（72学时）： 使学生能正确进行常见动物的尸体剖检；能识别常见器官的病理变化，并能综合分析病变，对疾病做出初步诊断；能正确编写剖检记录和填写病理剖检报告；能对微生物检验材料、病理组织学检查材料和毒物检查材料进行正确采取、保存和送检；了解病理组织切片的制作过程，能基本识别常见的组织病理变化。 掌握药物的基本知识，常用药物的性状、体内过程、用法、不良反应，药物中毒的一般处理原则，常用特效解毒药的作用、应用及注意事项；能熟练调配常用制剂及制订综合治疗方案。	288

序号	专业方向	主要课程及教学内容要求	参考学时
（3）	宠物养护方向	①宠物保健与美容技术（72 学时）： 使学生了解宠物基础保健、日常保健与美容的相关理论知识；掌握宠物的种类及生活习性；熟练使用美容工具，能给宠物进行简单的美容，并能给宠物做基础护理。 ②宠物饲养技术（72 学时）： 使学生了解宠物的生物学特性，能进行宠物的选购；了解宠物的品种，能进行宠物的品种品质鉴定；能根据品种特点制订相应的饲养管理制度并实施；能对宠物进行基础训练与调教。 ③宠物疫病防治（72 学时）： 使学生了解宠物疫病的发生、流行特点；掌握宠物疫病检疫、隔离、消毒、免疫接种和药物预防措施；掌握宠物常见传染病、寄生虫病的常见病变及临床意义；能诊断和治疗宠物疾病。 ④宠物普通病（72 学时）： 使学生掌握宠物普通病防治和护理的基本知识，掌握诊断和治疗的基本操作技能。	288

3. 综合实训课程

序号	项目	模块	达成目标	参考学时
(1)	畜禽饲养技术	家禽环境卫生	能根据实际要求对畜禽养殖场关于环境卫生及畜舍小气候做基础规划与设计。	180
		畜禽饲养管理技术	①掌握猪的饲养管理技术。②掌握禽的饲养管理技术。③掌握草食动物的饲养管理技术。④掌握经济动物的饲养管理技术。	
(2)	动物防治技术	畜禽临床检查	①掌握各种动物的保定技术。②掌握临床基本检查的方法、技巧及要领。③了解和掌握一般检查,心脏血管、呼吸、消化、泌尿、生殖等器官检查及神经系统检查等技术要领和临床意义。	180
		兽医实验室检验	①掌握血液和尿液的常规检查技术要点,能进行血液和尿液的常规检查。②掌握粪便的潜血、瘤胃内容物和血液化学检查技术要点,能正确检查上述项目。	
		兽医诊疗技术	全面理解与掌握各种治疗手段与治疗方法的优缺点,特别是通过实训,熟练掌握各种治疗技术的操作技巧。	

序号	项目	模块	达成目标	参考学时
（2）	动物防治技术	畜禽舍卫生消毒	①能正确配制消毒药品。 ②能根据不同消毒对象选择合适的消毒药。 ③掌握畜禽舍、土壤、粪便等的消毒方法。 ④熟练使用常用消毒器械。	180
		预防接种	①掌握免疫接种的方法与步骤，能根据不同对象进行免疫接种。 ②熟悉动物生物制剂的保存、运送和用前检查方法，并能正确操作。 ③免疫接种的组织及注意事项。	
		采集运送病料	①掌握采集、包装、运送的方法和要求，能对脏器病料进行采集、包装、运送。 ②掌握采集、包装、运送各种分泌物等病料的方法和要求，能对各种分泌物等病料进行采集、包装、运送。 ③掌握各种需要进行血清和病理学检查等病料的采集、包装、运送及保存方法和要求，能对各种需要进行血清和病理学检查等病料进行采集、包装、运送及保存。	
		畜禽驱虫	①熟悉并能应对大群驱虫的准备和组织工作。 ②掌握驱虫技术、驱虫中的注意事项，能正确驱虫。 ③掌握驱虫效果的评定方法，能对驱虫效果做评定。	

序号	项目	模块	达成目标	参考学时
(2)	动物防治技术	患病动物的处理	①了解动物患病后的处理常识。 ②掌握动物患病后的具体处理技术。	180
(3)	宠物养护	美容工具的使用	①了解各种美容工具的用途。 ②能识别各种美容工具。 ③掌握各种美容工具的使用方法。 ④掌握各种美容工具的消毒技术。 ⑤掌握美容工具的维护保养技术。	180
		犬、猫的基础护理	①能独立完成刷拭、梳理宠物犬、猫的皮毛。 ②能熟练清理宠物犬、猫的耳、眼分泌物。 ③能熟练修理宠物犬、猫的趾甲。 ④能熟练检查、清理宠物犬、猫的肛门腺。	
		宠物犬、猫护理的安全操作	①掌握宠物犬、猫护理的方法。 ②能正确调整宠物犬、猫美容台,固定犬、猫。 ③使宠物犬、猫养成良好的护理习惯。	
		常见宠物犬、猫的美容方法	①了解犬、猫的历史与分类、结构特点与生活习性、美容发展史。 ②掌握贵妇犬、比熊犬、博美犬、北京犬、可卡犬、雪纳瑞犬、西高地白犬、西施犬、约克夏犬等修剪技术。 ③熟悉犬猫的美容与健康护理工作。	

序号	项目	模块	达成目标	参考学时
（3）	宠物养护	宠物服饰设计制作	①了解宠物的服饰特点。 ②能独立设计、制作常用宠物服饰。	180
		犬的饲养管理	①掌握犬的营养需要、饲料的种类和各种饲料的营养特点。 ②能对犬进行正确的饲养和管理。	
		犬训练的基本原理和方法	①了解犬的解剖生理特征、犬的感觉系统、犬的行为特征、犬的生活习性。 ②能知道并会测量犬的常见生理参数。 ③具备判断犬的表情变化和健康程度的能力。 ④能鉴定犬的年龄与品种。 ⑤了解犬的几种非条件反射情况，了解每种刺激信号的应用机理及其应用过程中应注意的事项，会判断犬的神经类型与灵活性。 ⑥掌握受训犬的选择标准与方法。 ⑦掌握驯导人员在驯导过程中的作用、任务、要求及注意事项。 ⑧掌握犬训练的基本原则与方法。 ⑨能制订犬的驯导计划并对犬进行基本的训练。	

续表

序号	项目	模块	达成目标	参考学时
（3）	宠物养护	宠物疫病防治的基本知识与常见疫病的防治	①了解宠物寄生虫病和传染病病原及流行的基本情况,掌握宠物防疫工作的基本原则。②掌握犬、猫常见疫病的流行特点、诊断要点和防治措施。③能正确诊断和防治犬瘟热,犬细小病毒病,犬皮肤癣菌病,犬、猫的沙门菌病和大肠杆菌病等。④能对常见宠物疫病进行药物预防。	180
		宠物普通病	①了解宠物普通病的特点。②掌握常见宠物普通病的临诊症状、诊断要点、预防和治疗措施。③对常见宠物普通病能快速地诊断和治疗,并会结合饲养情况给出合理化建议。	

（三）选修课程

序号	课程名称	主要教学内容和要求	参考学时
1	创业教育	提高和增强学生的创业基本素质与创业能力,为有志于创业的学生毕业后步入创业的行列提供帮助。	36
2	国学知识	了解中国传统文化与学术,提升个人修养。	36
3	人文社科知识	了解人文科学和社会科学的基础知识,提高综合素质。	36

序号	课程名称	主要教学内容和要求	参考学时
4	畜牧兽医法规与行政执法	了解畜牧兽医行政执法、诉讼的基本要求,熟悉现行畜牧业法规的有关规定,能依法进行生产和经营。	36
5	特种经济动物养殖	掌握地方特色品种"庄河大骨鸡"的饲养管理技术,了解哺乳类经济动物獭兔、茸鹿、水貂、狐的饲养管理和毛皮初加工技术,了解珍禽类经济动物雉鸡、肉鸽、鹌鹑、火鸡、鸵鸟等的饲养管理知识。	36
6	中兽医基础	理解中兽医基本理论知识,能识别常用的中药材,具有简单的加工、炮制技能;掌握辨证施治的基本要领,能运用中兽医的基本技能防治畜禽疾病。	36
7	宠物驯导技术	了解动物行为,掌握其驯导技术和方法,会准备驯导场地、器具,会挑选比赛品种,会初步调教宠物等。	36

十、教学时间安排

(一)基本要求

1. 每学年为 52 周,其中教学时间 38 周,累计假期 14 周。一周一般为 28～30 学时。顶岗实习一般按每周 30 小时(1 小时折 1 学时)安排。

2. 实行学分制的学校,一般按 18 学时为 1 个学分,军训、入学教育以 1 周为 1 学分,总学分应不少于 160 学分。

3. 公共基础课程学时占总学时的 39%,可根据行业人才培养的实际需要在规定的范围内适当调整,上下浮动,但应保证学生修完公共基础课程的必修内容和学时。

4.专业课程学时占总学时的39%。

5.在专业教学标准的课程体系中设立选修课程,其教学时数占总学时的比例为2%。

6.专业课程中的专门化方向课程按照就业意愿在二年级分流学习,4门专业课配合1门综合实训课程;专业选修课可任选2门学习。

7.顶岗实习学时占总学时的22%。

8.要认真落实教育部、财政部、人力资源社会保障部、安全监管总局、中国保监会五部门关于《职业学校学生实习管理规定》(教职成[2016]3号)的规定和要求。学生在实习单位的实习时间根据专业人才培养方案确定,顶岗实习期一般为6个月。

（二）教学安排建议

课程类别		序号	课程名称	学分	总学时	各学期周数、学时分配						备注
						1	2	3	4	5	6	
						19	19	19	19	19	19	
公共基础课	必修课	1	入学教育与军训	2	36	1周						
		2	职业道德与法律	2	36	2						
		3	哲学与人生	2	36			2				
		4	职业生涯规划	2	36				2			
		5	经济政治与社会	2	36					2		
		6	语文	10	180	2	2	2	2	2		
		7	数学	10	180	2	2	2	2	2		
		8	英语	10	180	2	2	2	2	2		
		9	化学	4	72				2	2		
		10	计算机应用基础	8	144	4	4					
		11	体育与健康	10	180	2	2	2	2	2		
		12	艺术	4	72				2	2		
		13	心理健康	2	36					2		
		小计	占总课时比例:38%	68	1224	14	14	14	14	10	0	
	选修课 任选1门	1	创业教育	2	36					2		
		2	国学知识	2	36					2		
		3	人文社科知识	2	36					2		
		小计	占总课时比例:1%	2	36	0	0	0	0	2	0	
公共基础课小计			占总课时比例:39%	70	1260	14	14	14	14	12	0	

续表

课程类别		序号	课程名称	学分	总学时	1	2	3	4	5	6	备注
						19	19	19	19	19	19	
专业课	专业核心课程	1	畜禽解剖生理	8	144	4	4					
		2	兽医基础	8	144			4	4			
		3	畜禽营养与饲料	8	144	4	4					
		4	畜禽生产	8	144			4	4			
		5	动物微生物及检验	4	72	2	2					
		6	动物防疫与检疫技术	4	72			2	2			
	专门化方向课程 / 生产方向	1	猪的生产与经营	4	72			4				
		2	家禽生产与经营	4	72				4			
		3	牛羊生产与经营	4	72					4		
		4	畜禽繁殖与改良	4	72					4		
	疾控方向	1	猪病防治	4	72			4				
		2	禽病防治	4	72				4			
		3	牛羊病防治	4	72					4		
		4	病理、药理基础	4	72					4		
	宠物方向	1	宠物保健与美容技术	4	72			4				
		2	宠物饲养技术	4	72				4			
		3	宠物疫病防治	4	72					4		
		4	宠物普通病	4	72					4		
	实训课 / 分方向	1	畜禽饲养技术	10	180	2	2	1	1	4		
		2	动物防治技术	10	180	2	2	1	1	4		
		3	宠物养护	10	180	2	2	1	1	4		

课程类别	序号	课程名称	学分	总学时	各学期周数、学时分配						备注
					1	2	3	4	5	6	
					19	19	19	19	19	19	
专业课	必修课小计	占总课时比例:37%	66	1188	12	12	15	15	12	0	
	选修课 任选2门	1 畜牧兽医法规与行政执法	2	36					2		
		2 特种经济动物养殖	2	36					2		
		3 中兽医基础	2	36					2		
		4 宠物驯导技术	2	36					2		
	选修课小计	占总课时比例:2%	4	72	0	0	0	0	4	0	
	专业课小计	占总课时比例:39%	70	1260	12	12	15	15	16	0	
	顶岗实习	占总课时比例:22%	24	720						720	
课堂教学周学时小计					26	26	29	29	28	0	
在校课时合计				2520							
总课时合计				3240							

十一、教学实施

(一)教学要求

1.公共基础课

根据教育部有关公共基础课教学的基本要求,按照培养学生基本科学文化素养、服务学生专业学习和终身发展的功能来定位,通过文化与专业课程内容的整合,教学方法、教学组织形式的改革,教学手段、教学模式的创新,引导中职学生树立正确的世界观、人生观和价值观,提高学生思想政治素质、职业道德水平和科学文化素养,为专业知识的学习和职业技能的培养奠定基础,满足学生职业生涯发展的需要,促进终身学习。课程设置和教学应与培养目标相适应,注重学生的能力培养,加强与学生生活、专业和社会实践的紧密联系,为学生学习专业知识和形成职业技能夯实基础,为学生接受继续教育和终身学习提供必要条件,为学生可持续发展奠定基础。

2.专业课程

贯彻以就业为导向、以能力为本位的教学指导思想,根据畜牧兽医专业培养目标,按照产业对接专业、岗位标准对接课程标准、生产过程对接教学过程、学历证书对接职业资格证书、职业教育对接终身教育的要求,结合企业生产实际,对课程内容进行整合,并全面推进"做中学、做中教"的教学改革,通过校企深度合作,强化专业技能训练,培养学生的实践能力、创新能力和持续学习能力。教学中应注重情感态度和职业道德的培养,将文化基础课的相关知识与专业技能训练有机结合,注重知识的运用。突出学生的主体作用,使学生在"做中学、做中教"的工作体验中完成学习任务,成为符合企业职业岗位要求的高素质劳动者和技能型人才。

3.顶岗实习

在学完全部科目的基础上,组织学生选择目标岗位进行顶岗实习,着重培养学生理论联系实际,独立分析问题和解决问题的能力,培养学生的敬业爱岗精神。

(1)顶岗实习内容:畜牧生产及管理、特种动物饲养、常见疾病防控技术、宠物美容等内容。

（2）顶岗实习目标：通过顶岗实习，使学生开阔视野，增强理论联系实际的能力；了解当前畜牧业发展的动态，掌握畜牧业的生产管理与常见疾病防控技术，提高动手能力和工作水平；学会在实际工作中发现问题、分析问题和解决问题，缩短学校与社会职业岗位的距离，为毕业后从事相关工作打下坚实的基础，在毕业后尽快适应社会的需要，成为有理想、道德、有文化、有纪律，勇于改革、敢于创新的高素质劳动者和技能型人才。

(3)毕业顶岗实习考核评价办法：

评价项目		分值	项目内涵	评价标准
实习资料	实习日志	12分	根据实习情况,按时、真实地填写实习日志,每周1份。	实习日志每少1份,扣0.5分,扣完为止。
	实习总结	18分	按时提交实习总结,且字数不少于1000字,必须真实详细。	实习总结迟交或字数不足的各扣5分,未交不得分。
	实习单位鉴定	10分	1.实习鉴定应当按时提交。2.实习鉴定应当真实。	无实习鉴定、实习鉴定单位公章与所实习单位名称不一致的,不得分。
实习纪律	交流频度	12分	内容以实习汇报为主,允许采用电子邮件、书信、电话形成汇报。	学生与校内指导教师每月联系1次,汇报次数每少1次,扣2分。
	实习稳定度	12分	只允许变换1次实习单位。	变换实习单位次数超过1次,本项目不得分。
实习评价	企业实习指导教师评价	12分	根据学生顶岗实习期间的职业能力(专业技能、学习能力、职业道德)做出等级评价。等级分为优、良好、合格、不合格。	等级量化标准:优(12分)、良好(10分)、合格(8分)、不合格(0分)。
	实习单位综合素质评价	12分	根据学生的综合表现(专业技能、学习能力、职业素养、遵守纪律)做出等级评价。等级分为优、良好、合格、不合格。	等级量化标准:优(12分)、良好(10分)、合格(8分)、不合格(0分)。

评价项目		分值	项目内涵	评价标准
实习评价	校内指导教师综合评价	12分	根据学生的联系及实地考察情况做出评价。等级分为优、良好、合格、不合格。	等级量化标准:优(12分)、良好(10分)、合格(8分)、不合格(0分)。

（二）教学资源

1. 优先选用国家规划教材,或依据本课程标准编写教材。

2. 教材的编写既要符合本专业教学标准的要求,以岗位职业能力标准为指导,以职业技能鉴定标准为依据,又要结合本区域畜牧业发展的趋势,不断更新教学内容,紧跟时代步伐。

3. 教学资源的开发要由畜牧兽医专业的行业、企业人员深度参与。教材内容应体现出先进性、通用性、实用性的原则,注重实践操作,反映出本专业的新知识、新技术、新工艺、新方法等,以适应实际需要。

4. 整合教学资源,开发教学仿真软件,还原生产实境;建立课程网站,利用计算机软件制作微视频,使计算机技术与专业教学内容深度融合,丰富信息化教学手段。

（三）教学管理

教学管理要更新观念,改变传统的教学管理方式。教学管理要有一定的规范性和灵活度,可实行"工学交替"等弹性学制。合理调配专业教师、专业实训室和实训场地等教学资源,为课程的实施创造条件;建立专业指导委员会,定期修订人才培养方案。加强制度建设,逐步建立科学的教学管理机制,加强对教学过程的质量监控,改革教学评价的标准和方法,促进教师教学能力的提升,提高教学质量。

十二、教学评价

(一)评价方式

建立以能力发展为核心的评价方式,将学校评价、教师评价、同行评价、督导评价、学生评价、家长评价、行业企业评价和社会评价都纳入评价体系中,从多个方面对学校管理、课程设置、教师教学、学生学习、学生实习、学生的综合素质及学生毕业后的个人发展做出评价。

对学生的学业考核评价内容应兼顾认知、技能、情感等方面,要加强对教学过程的质量监控,改革教学评价的标准和方法,促进教师教学能力的提升,保证教学质量。

(二)评价内容

1.品德修养:道德修养、遵章守纪等方面。

2.专业基础知识:基础理论、职业资格、实际应用等方面。

3.专业技术能力:操作技能、生产实训表现、岗位工作能力等方面。

4.拓展能力:沟通能力、团队能力、创新能力等方面。

5.企业评价:实践能力、适应能力、工作态度等方面。

(三)评价标准

体系结构	评价内容	分值	评价标准
品德修养	学生道德、素养与文化,心理素质	10	措施完善、有效;学生思想道德、文化素质水平高,心理健康。
	学生遵章守纪情况		学生懂法,熟知校规校纪,能够做到自觉遵守,无违纪现象。

体系结构	评价内容	分值	评价标准
专业基础知识水平	基础理论	30	能够牢固掌握所学知识,通过考试,成绩优秀。
	职业资格证书、等级		考取相应技能方向的职业资格证书。
	知识实际应用能力		能够灵活运用所学知识解决实际问题。
专业技术能力	操作技能	30	专业方向实际操作能力达到该课程标准。
	生产实训表现		理论联系实际,认真钻研,能发现问题并提出合理化建议。
	岗位工作能力		较快进入角色,适应岗位要求。
拓展能力	沟通能力	15	能够建立良好的人际关系,沟通能力强,能合理运用人力资源完成特定任务。
	团队能力		成员密切配合,能协商完成任务。
	创新能力		灵活应对实践中发生的问题,能提供具有价值的新方法。

体系结构	评价内容	分值	评价标准
企业评价	实践能力	15	实操能力符合用人标准。
	适应能力		较快进入角色。
	工作态度		吃苦耐劳,责任感强。

十三、实训实习环境

本专业应配备校内实训室和校外实训基地。

(一)校内实训室建设标准

实训教学分类	实训教学场所	实训教学任务	实训设备				
			序号	名称	单位	数量标准	备注
校内实训室	解剖生理实训室	正确熟练使用显微镜,认识各种细胞、组织、器官的显微结构,在活体上识别兽医临床上常用的结构标志;能解剖畜禽,在活体上确认家畜主要器官的体表投影。	1	高压蒸汽灭菌器	台	1	
			2	解剖器械	套	4	
			3	解剖台	台	4	
			4	离心机	台	2	
			5	双目显微镜	台	20	
			6	中央试验台	台	1	
			7	电脑	台	1	
			8	听诊器	个	20	
			9	托盘天平	台	8	
			10	电热恒温培养箱	台	1	
			11	组织器官的标本、模型	套	2	
			12	畜禽骨骼标本	套	2	
			13	组织切片	套	20	
			14	玻璃器皿	套	20	

实训教学分类	实训教学场所	实训教学任务	实训设备				
			序号	名称	单位	数量标准	备注
校内实训室	微生物实训室	熟练使用检验中常用的仪器；能准备检验中常用的玻璃器皿和试剂；熟练采集细菌病料并能进行涂片染色镜检，会进行细菌的分离培养、药敏试验；熟练采集病毒病料，初步具备鸡胚接种技术，能熟练地操作基层单位常用的血清学试验。	1	高压蒸汽灭菌器	台	2	
			2	电热恒温培养箱	台	1	
			3	振荡培养箱	台	1	
			4	恒温干燥箱	台	1	
			5	冰箱	台	1	
			6	离心机	台	4	
			7	高速离心机	台	1	
			8	双目显微镜	台	20	
			9	中央试验台	台	1	
			10	电脑	台	1	
			11	组织捣碎机	台	1	
			12	无菌室	间	1	
			13	酸度计	台	15	
			14	恒温水浴锅	台	1	
			15	超净工作台	台	1	
			16	微波炉	台	1	
			17	可调电炉	个	8	
			18	酒精灯	个	20	
			19	接种器械	套	20	
			20	细菌滤器	个	10	

实训教学分类	实训教学场所	实训教学任务	实训设备				
			序号	名称	单位	数量标准	备注
校内实训室	畜禽生产实训室	能识别畜禽的主要品种；能进行各种畜禽的选种，能对各种畜禽进行饲养管理，能解决生产中的一般性技术问题；初步具备组织畜禽生产的能力。	1	断喙器	台	4	
			2	托盘天平	台	8	
			3	蛋白质测定仪	台	4	
			4	背膘测定仪	台	1	
			5	家禽孵化机	台	1	
			6	干湿温度计	支	10	
			7	中央试验台	台	1	
			8	照蛋器	个	10	
			9	耳号钳	把	10	
			10	耳标	个	40	
			11	磨牙器	台	10	
			12	直尺	把	10	
			13	皮尺	条	10	
			14	游标卡尺	把	10	
			15	台秤	个	1	
			16	比重计	支	20	
			17	乳脂计	支	20	

续表

实训教学分类	实训教学场所	实训教学任务	实训设备				
			序号	名称	单位	数量标准	备注
校内实训室	动物诊疗实训室	熟练使用各种仪器设备;能辨别健康动物和生病动物;能对动物进行简单的外科手术;能初步判断各种动物疾病;能针对疾病选择药物进行治疗;能识别组织器官常见的病理组织学变化。	1	手术台	个	5	
			2	手术器械	套	5	
			3	冰箱	台	1	
			4	离心机	台	3	
			5	恒温磁力搅拌器	台	1	
			6	诊疗器械	套	5	
			7	六柱栏	个	1	
			8	常用手术器械	套	5	
			9	电热恒温培养箱	台	1	
			10	干燥箱	台	1	
			11	动物注射器械	套	20	
			12	听诊器	个	20	
			13	铁漏斗	套	10	
			14	牛鼻钳	套	5	
			15	胃导管	条	5	
			16	无血去势钳	把	4	
			17	叩诊锤	个	20	
			18	叩诊板	个	20	
			19	兽用套管针	套	20	
			20	开口器	个	5	
			21	体温计	支	40	
			22	封闭针头	套	20	

续表

实训教学分类	实训教学场所	实训教学任务	实训设备				
			序号	名称	单位	数量标准	备注
			23	乳房内注射针	支	20	
			24	电脑	台	1	
			25	药品	种	若干	
校内实训室	营养饲料实训室	能熟练使用和保养饲料化验所需的各种仪器设备,能正确配制试剂,能独立进行饲料各项指标化验。	1	分光光度计	台	2	
			2	恒温水浴锅	台	1	
			3	分析天平	台	1	
			4	分样筛(40目)	台	2	
			5	凯式定氮仪	台	1	
			6	可调电炉	台	4	
			7	电热恒温烘箱	台	1	
			8	恒温干燥箱	台	1	
			9	索式脂肪提取器	台	1	
			10	消毒炉	台	1	
			11	石英坩埚	套	5	
			12	电动粉碎机	台	1	
			13	蒸馏水器	台	1	
			14	冰箱	台	1	
			15	酸度计	套	2	
			16	玻璃器皿	套	20	
			17	试剂	套	15	

续表

实训教学分类	实训教学场所	实训教学任务	实训设备				
			序号	名称	单位	数量标准	备注
校内实训室	宠物美容实训室	能熟练使用各种美容设备，能给宠物进行洗浴、修毛、趾甲、拔耳毛、洗眼、上护毛素等美容项目，能根据要求对动物染色和修造型。	1	吹水机	台	10	
			2	双筒电吹风	台	10	
			3	宠物保定圈	根	10	
			4	高压灭菌锅	台	1	
			5	宠物梳子	把	30	
			6	宠物打薄剪	把	30	
			7	宠物拔毛刀	把	30	
			8	宠物防咬圈	个	20	
			9	宠物嘴套	个	30	
			10	宠物直剪	把	30	
			11	宠物电剪	把	30	
			12	宠物牙剪	把	30	
			13	美容台	件	10	
			14	电脑	台	1	
			15	保健品	套	2	
			16	清洁用品	套	4	

（二）校外实训基地条件

校外实训基地是专业人才培养质量保障的重要组成部分，是校内实训基地的延伸和补充，是全面提高学生综合素质的平台。按照每班30人为标准单位，校外实训基地要能够提供30人及以上的岗位。而且，校外实训基地要稳定、运行良好，在本地区畜牧兽医行业中有代表性，知名程度要高。本专业可依托本地区行业企业，校企深度结合。建设校外实训基地，需要满足畜禽生产、动物疾病防控和宠物养护三个专业方向，涵盖家禽选育、孵化、饲养管理,猪的生产与管理,大骨鸡养殖,动物疾病防控,动物疫苗的销售与售后服务,动物饲料的销售与售后服务,宠物美容、保健等方面的综合实训教学和毕业生顶岗实习条件。

畜牧兽医主要支持企业:

大连市成三畜牧业有限公司、大连市龙城食品集团有限公司、庄河市徐伟宠物用品超市、庄河市黄皎兽药饲料服务中心、庄河市赫鹏养猪场、庄河市实佳水貂繁育场、庄河市大骨鸡繁育中心、阜新市第二中等职业技术专业学校(辽宁职教集团共享实训基地)。

十四、专业师资

(一)专业师资队伍建设标准

根据教育部规定的中等职业学校 1∶16 至 1∶20 的师生比要求,师资队伍总数按每年招生 1 个班,在校生 90 人计算,需要 5 名专任教师,师生比为 1∶18。

其中:

1.专任教师中本科以上学历应占 100%;

2."双师"型教师比例应达到专任教师人数的 50%;

3.兼职教师比例应达到专任教师总人数的 30%;

4."专业带头人""骨干教师"比例应合理,需符合国家要求;

5.师资结构中的高级职称、中级职称、初级职称的比例应为 2∶5∶3;

6.教师需具备相关专业方向的教师资格。

(二)教学团队建设及专业发展方向

重点加强骨干教师培养,提高教师的理念与能力,提升综合素质,向专业带头人发展。

依托大连市现代服务业职教集团、辽宁现代农业职教集团成立由校内外专家共同组成的专业建设委员会,引进行业专家、企业专家、职教专家指导专业建设,全面参与人才培养模式改革、教学模式改革、评价模式改革、师资队伍建设、实训基地建设、比赛指导、教材编写等各个领域,引领专业建设、改革和发展。

十五、参考文献

1．中发[2010]12 号《国家中长期教育改革和发展规划纲要》(2010－2020 年)

2．辽政办发[2011]8 号《辽宁省中长期教育改革和发展规划纲要》(2010－2020 年)

3．大委发[2011]5 号《大连市中长期教育改革和发展规划纲要》(2010－2020 年)

4．国发[2014]19 号《国务院关于加快发展现代职业教育的决定》

5．辽政发[2015]13 号《辽宁省人民政府关于加快发展现代职业教育的意见》

6．大政发[2015]59 号《大连市人民政府关于加快发展现代职业教育的实施意见》

7．教职成厅[2012]5 号《教育部办公厅关于制订中等职业学校专业教学标准的意见》

8．教职成[2008]6 号《教育部关于中等职业学校德育课课程设置与教学安排的意见》

9．教职成[2010]4 号《中等职业学校专业目录》(2010 年修订)

10．教职成[2010]12 号《中等职业学校设置标准》

11．大委发[2015]13 号《关于实施服务业优先发展战略的若干意见》

12．教职成[2016]3 号《职业学校学生实习管理规定》

第二部分
畜牧兽医专业教学标准
开发调研报告

一、调研背景分析

自"十三五"规划实施以来,大连市畜牧业发展迅速。为着力推进畜牧业健康养殖,努力提高畜牧业发展水平,积极构建现代畜牧业产业体系,走产出高效、产品安全、资源节约、环境友好的畜牧业现代化道路,大连市迫切需要大量的一线畜牧兽医应用型技能人才。

与此同时,国家中等职业学校畜牧兽医专业的教学体系,即《中等职业学校畜牧兽医专业教学指导方案》是 2001 年建立并推广的,为当时的社会培养了大量的畜牧兽医专业人才。但是,随着社会的快速发展,原有学科体系下的教学内容已不能很好地适应当今社会人才培养的实际需要,培养出的学生已不能完全适应现代畜牧业的发展需求,因此,大连市急需编制一部新的指导性教学标准,以满足畜牧兽医专业教学。

根据工作需要,大连市现代服务业职教集团于 2015 年 6 月同意由庄河市职业教育中心完成"畜牧兽医专业教学标准开发"工作,为大连市中等职业学校畜牧兽医专业教学提供了一份研究和决策依据。

二、调研目的

本次调研的目的是通过对大连市及其周边地区畜牧兽医行业、畜牧兽医相关企业,省内部分设立本专业的中高职学校及其部分毕业生四个方向的调研,充分了解畜牧兽医行业企业发展状况与趋势、市场职业岗位需求、行业企业人才需求情况;了解同行学校畜牧兽医专业的开办情况;了解毕业生对本专业课程设置、职业技能训练等教学过程与效果的信息反馈情况等,明确本专业的基本定位和现阶段的发展方向,深化"做中学、做中教"的内涵改革,加强素质教育,进一步增强国家职业教育教学改革的针对性,为大连市畜牧兽医专业教学标准的重新构建、适合现代畜牧业发展的人才培养方案等方面提供有力依据。

三、调研对象

按照调研计划,主要从四个方面入手,其对象主要为大连市及其周边地区的畜牧兽医行业和企业的部门负责人、专家、一线技术骨干,中高职学校及中职毕业生。调研单位如下(见表1):

表 1　调研单位

序号	调研对象	调研时间	调研方法	调研人员
1	丹东市东港双增种猪育种中心	2016.7.18	实地走访	刘精良、陈福斗
2	丹东市东港双增食品加工厂	2016.7.18	实地走访	刘精良、陈福斗
3	丹东市东港双增大海饲料厂	2016.7.18	实地走访	刘精良、陈福斗
4	大连市华康成三牧业有限公司	2016.7.19	实地走访	刘精良
5	大连市成三畜牧业有限公司	2016.7.19	实地走访	刘精良
6	大连市龙城食品集团有限公司	2016.7.25	实地走访	刘精良
7	大连市龙城食品集团饲料加工有限公司	2016.7.25	实地走访	刘精良
8	大连市龙城食品集团肥业有限公司	2016.7.25	实地走访	刘精良
9	大连市龙城内原生物科技有限公司	2016.7.25	实地走访	刘精良
10	抚顺市乐康动物门诊	2016.7.29	实地走访	刘精良
11	辽宁省兽医协会宠物诊疗分会理事单位（抚顺市乐康动物门诊）	2016.7.29	实地走访	刘精良
12	辽宁辉山乳业集团有限公司	2016.7.29	实地走访	刘精良
13	庄河市青堆动物卫生监督所	2016.8.2	实地走访	刘精良
14	庄河市徐伟宠物用品超市	2016.8.18	实地走访	刘精良
15	庄河市黄皎兽药饲料服务中心	2016.8.19	实地走访	刘精良
16	庄河市动物卫生监督所	2016.8.22	实地走访	刘精良、陈福斗
17	庄河市动物疫病预防控制中心	2016.8.23	实地走访	刘精良、陈福斗

续表

序号	调研对象	调研时间	调研方法	调研人员
18	庄河市畜牧技术推广站	2016.8.24	实地走访	刘精良、陈福斗
19	庄河市农村经济发展局	2016.8.25	实地走访	刘精良、陈福斗
20	庄河市鹏辉养猪专业合作社	2016.8.29	实地走访	刘精良
21	庄河市大营镇养猪专业合作社	2016.8.29	实地走访	刘精良
22	庄河市赫鹏养猪场	2016.8.29	实地走访	刘精良
23	庄河市北山种畜场	2016.8.29	实地走访	刘精良
24	庄河市实佳水貂繁育场	2016.8.29	实地走访	刘精良
25	朝阳市建平县职业教育中心	2016.9.21	实地走访	刘精良、肖忠波
26	阜新市第二中等职业技术专业学校	2016.9.22	实地走访	刘精良、肖忠波
27	抚顺市农业特产学校	2016.9.23	实地走访	刘精良、肖忠波
28	辽宁农职院朋朋宠物科技学院	2016.9.27	实地走访	刘精良
29	辽宁农业职业技术学院畜牧兽医系	2016.9.28	实地走访	刘精良
30	庄河市大骨鸡繁育中心	2016.9.30	实地走访	刘精良、陈福斗

四、调研方法

调研人员主要通过单位实地走访、问卷调查、电话访谈等方式完成此次调研。调研负责人向调查单位或个人宣传此次调研工作的重要意义，确保得到他们的理解和配合，并将调查问卷分发给相关单位认真填写并现场回收，将收集到的信息进行汇总、整理、分析，获取相关调研内容和数据并撰写调研报告。

五、调研主要内容

（一）畜牧兽医专业毕业生主要面向的职业岗位情况

在调查问卷中设计若干岗位，如防疫管理、饲养生产、饲料加工、繁殖育种等，通过用人单位的选择，来判断畜牧兽医专业哪个岗位是毕业生主要面向的岗位，最后进行数据统计。这样可以有针对性地开发出适合企业行业需求的岗位，使毕业生能够主动适应经济社会的发展，为职业岗位提供人才。

（二）畜牧兽医专业人才所需的知识技能结构情况

在调研问卷中设计若干专业知识点，由用人单位判断专业学生的知识与技能构成是否符合岗位的需求，能否满足工作岗位的需求。通过用人单位的选择得出本专业人才所需的知识与技能结构，进而汇总问卷结果，可以推断出本专业教学的内容、岗位需要的知识和技能，并由此开发出相应的教学内容，这样可以更有效地培养适应工作岗位的专业人才。

（三）畜牧兽医专业人才所需的能力结构情况

随着现代畜牧业的高速发展，中等职业学校迫切需要提供具有"一专多能"的毕业生来满足市场发展的需求。因此，高素质技能型人才是畜牧兽医专业的培养目标。从调研问卷可以看出不同用人单位对专业人才能力的注重点和具体要求有哪些，哪些能力更符合多种岗位需求，并通过调研结论更好地制定出职业能力培养的课程体系。

（四）畜牧兽医人员必备的职业素质

现代中等职业教育培养出来的人才是知识、能力、素质三位一体的综合型人才，而畜牧兽医专业是职业性很强的专业之一,这就要求该专业的毕业生不仅要注重理论知识和实践能力,更需要注重职业素质。由于工作环境因素的关系,本专业学生必须具备爱岗敬业和吃苦耐劳等精神,尤其是在基层单位,很多升任管理层的技术骨干表示:"我们可以传授给学生专业技术,但是却传授不好学生的职业素质,因为学生只有先具备一定的职业素质,才能坚定意志,最终'破茧成蝶'。"本次调研问卷中的职业素质部分,主要包括兽医职业道德、吃苦耐劳精神、人际关系等方面,汇总了当今用人单位最需要具备的职业素质,这也是学校开展德育教育并培养职业素质能力的关键所在。

(五)畜牧兽医专业对职业资格证书的要求情况

职业资格证书是本专业学生所需要的专门知识和职业技能的证明,是反映从业人员从事该职业所达到的实际能力水平的证件。用人单位在录用不同岗位人员的时候,需要应聘的毕业生出示相应岗位的职业资格证书,进而来确定本专业教学过程需要的技能考核项目。

(六)外市县中等职业学校畜牧兽医专业课构建情况

根据教育部 2001 年《中等职业学校畜牧兽医专业教学指导方案》在外市县同行学校相关专业的应用情况,调研出适合现阶段本市(本地区)行业企业要求的中等职业学校畜牧兽医专业教学新标准,尤其是需要突出本专业的地方特色,以此培养出能够胜任相关工作岗位的毕业生。

(七)外市县中等职业学校畜牧兽医专业毕业生的调研情况

调研毕业生的基本情况可以了解到其在工作中的相关信

息,可以使其提出的建议等调研数据具有较强的说服力,为我校培养学生提供参考和数据支撑。

六、调研结果分析

(一)畜牧兽医行业、企业调研情况

1.行业发展对畜牧兽医专业人才需求的趋势

《大连市国民经济和社会发展第十三个五年规划纲要》指出,到 2020 年,大连全市农林牧渔及服务业增加值年均增长4%,肉蛋奶产量达到 110 万吨。在"十三五"期间,政府将加快推进畜牧业转型升级,强化重大动物疫病防控,建立健全畜牧业良种繁育体系;鼓励畜牧业标准化养殖,适度发展猪禽养殖规模,扩大牛羊养殖数量,每年升级改造种源和生态养殖基地20 个。

我校坐落在庄河市,有着享誉全国的特产养殖——大骨鸡养殖,这也是唯一的生产供应基地与繁殖育种基地;而大连市辖的庄河、普兰店、瓦房店三个地区的畜牧业产量占全大连地区的 85%左右,这就需要大量的农村实用新技术人才。由此我们可以预见,大连对畜牧业技术人员,饲料、兽药和畜产品生产、加工和推销人员,动物防疫员和疫病防控的一线技术人才的需求仍将大幅增加。

我校作为大连地区唯一开设畜牧兽医专业的中等职业学校,近年来每年毕业生只有 20 人左右,而且里面还包含了约60%中职升学的毕业生,与就业需求的岗位相比,还是杯水车薪。因此,随着大连市经济的进一步发展,区域畜牧业发展优势的进一步体现,将会加剧畜牧兽医专业人才的紧缺,解决畜

牧兽医高素质技能型专门人才短缺的问题已成为大连现代畜牧业进一步发展的关键。

2.畜牧兽医专业人才主要面向的职业岗位

从访谈和问卷的结果分析(见图1),得知目前畜牧兽医专业面向的行业职业岗位方向有饲养生产、防疫管理、检疫操作、繁殖育种、饲料加工、兽药制造、品质检验化验、兽医化验、宠物美容护理、畜产品推销等。其中饲养生产、防疫管理、兽医化验占的比重比较大,说明在大连地区对饲养员、防疫员、兽医的需求还是较为巨大的。

图 1　畜牧兽医专业人才主要面向的职业岗位汇总情况

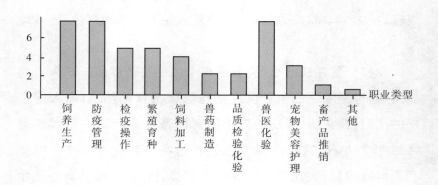

3. 畜牧兽医专业人才所需的能力结构

通过调研(见表2),了解到畜牧兽医专业职业岗位能力主要包括:动物饲养管理能力、临床兽药使用能力、动物病理剖检能力、动物常见病的诊断能力、制定养殖场相应防控措施的能力、动物基本繁育能力、饲料配方设计及加工能力、宠物美容护理基本能力、实验室分析化验能力、营销能力、信息技术能力和经营管理能力等。

其中对动物饲养管理能力、临床兽药使用能力、动物病理剖检能力、动物常见病的诊断能力以及动物基本繁育能力的要求比较高,这些能力被认为是非常重要的。对信息技术能力、营销能力、经营管理能力这三项能力的需求基本相同,用人单位抱着无所谓的态度,说明这三项能力在用人单位眼中并不重要。在访谈中还了解到用人单位觉得这三项能力在学校只能学到基础片面的东西,如果真正想获取这三种能力,还是需在工作中才能获取。

表2 畜牧兽医专业人才所需的能力结构情况汇总

序号	能力要求	非常需要	需要	一般需要	不需要	无所谓
1	动物饲养管理能力	5	2	1		
2	临床兽药使用能力	6	2			
3	动物病理剖检能力	6	2			
4	动物常见病的诊断能力	7	1			

序号	能力要求	非常需要	需要	一般需要	不需要	无所谓
5	制定养殖场相应防控措施的能力	2	2	4		
6	动物基本繁育能力	5	1	2		
7	饲料配方设计及加工能力	1	1	6		
8	宠物美容护理基本能力	2	2	4		
9	实验室分析化验能力	2		6		
10	营销能力	1		1		6
11	信息技术能力	1			1	6
12	经营管理能力			1	1	5

4.畜牧兽医专业人才所需的素质结构

在访谈和问卷中(见表3),我们得出本专业人才所需的素质结构主要包括:兽医职业道德,强健的身体素质,良好的心理素质,创新精神,人际沟通能力,团队协作能力,组织管理能力,独立生活能力,终身学习能力,观察、分析、总结、归纳能力,诚信爱岗、忠于企业,吃苦耐劳精神。

其中兽医职业道德是本专业人才最需具备的。这几项能力既是单位用人时考虑的必备素质,又是学生从事畜牧兽医行业工作的基础,更是学生在岗位上得到提升的关键。

表3 畜牧兽医专业人才所需的素质结构情况汇总

序号	素质要求	非常需要	需要	一般需要	不需要	无所谓
1	兽医职业道德	7	1			
2	强健的身体素质	4	4			
3	良好的心理素质	4	4			
4	创新精神	5	3			
5	人际沟通能力	5	3			
6	团队协作能力	5	3			
7	组织管理能力	5	3			
8	独立生活能力	5	3			
9	终身学习能力	5	3			
10	观察、分析、总结、归纳能力	5	3			
11	诚信爱岗、忠于企业	5	3			
12	吃苦耐劳精神	5	3			

5.用人单位对畜牧兽医专业人才需求情况

我们通过调研,发现用人单位急需招收大量的大中专毕业生,因为大中专毕业生经过相关专业学校的培养,虽然离具有市场规律的用人单位的一些要求还有少量差距,但还是比较符合用人单位的基本要求。同时,用人单位也表示畜牧兽医人才来源的主要渠道仍以学校招聘为主,仅有少部分来自社会招聘。

6.畜牧兽医专业人才所需的条件

从调研数据得出(见图2),用人单位更注重畜牧兽医专业人才具备的专业知识水平和实际操作技能水平。当然,不同岗位也具有不同的要求,比如管理岗位对学历要求较高,技术岗位对职业资格证书要求较严,而销售相关岗位则比较注重个人形象。

图2 畜牧兽医专业人才所需的条件

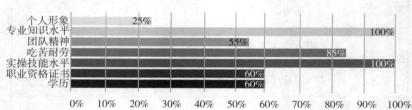

7.畜牧兽医专业人才所需的知识结构

本专业人才所需的知识结构包括:专业基础知识、兽医临床知识、畜禽生产知识、计算机知识、市场营销知识和管理学相关知识。从调研数据得出(见图3),用人单位认为畜牧兽医专业人才首先应具备的知识是畜禽生产知识和兽医临床知识;由于现代畜牧业的迅猛发展及科技含量的增加,用人单位对畜牧兽医专业人才的计算机知识的要求也随之提高;部分用人单位认为管理学和市场营销知识在学校学的大多是理论,如果要具备相关能力还需在实践中养成。

图3 畜牧兽医专业人才所需的知识结构

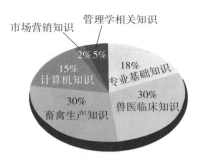

8.用人单位根据生产经验给予学校培养人才方面的建议

在调研中,用人单位提出畜牧兽医专业毕业生存在动手实践能力差,自我学习和独立工作能力不足的问题(见图4)。为此建议学校加强学生一线生产实操技能水平的培养,提高其环境适应能力并尽量与企业接轨,以满足用人单位的需要(见图5)。

图4 畜牧兽医专业毕业生在工作中存在的不足

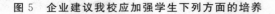

图5　企业建议我校应加强学生下列方面的培养

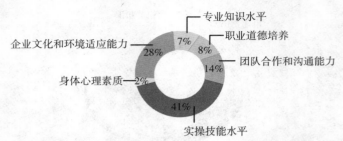

9. 用人单位对畜牧兽医专业主要岗位群工作职责的认可度

调研结果显示(见图6)，用人单位对主要岗位群工作职责的认可度非常高，各项认可度均达到90％以上，尤其是对家畜繁殖员、家畜饲养员、动物疫病防治员和动物检疫检验员的认可度更是达到100％。这就意味着用人单位非常支持学校按细化的工作职责来安排教学。

图6　用人单位对畜牧兽医专业主要岗位群工作职责的认可度

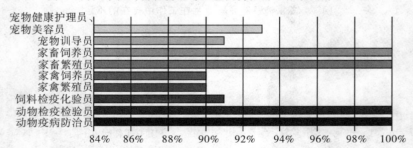

10. 用人单位对畜牧兽医专业从业人员主要岗位工种资格证书的认可度

调研结果显示(见图7)，用人单位对专业人员是否具有资格证书的条件很看重，虽然现阶段只要从业人员的专业知识和技能达到用人标准实际能力水平就可以，没有硬性要求——需用证书来证明，但随着养殖业规模和数量的扩大，现代化生态养殖模式的形成、诊疗制度的规范,畜牧兽医行业对从业人员的硬件要求会越来越高,持证上岗的趋势会越来越明显。因此,专业课程的制定需从市场出发,以职业岗位能力作为配置课程的基础,来满足用人单位对人才的需求。

图 7　用人单位对畜牧兽医专业从业人员主要岗位工作资格证书认可度

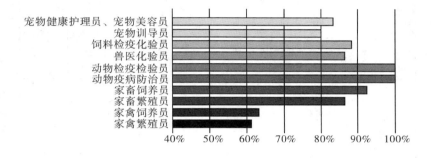

（二）畜牧兽医专业中高职院校及中职毕业生调研情况

1. 同行学校对专业课程的构建情况

通过调研得知(见表 4),同行学校畜牧兽医专业在对专业课程的构建中着重开设国家规划课程,所有学校都将畜禽解剖生理、畜禽营养与饲料、动物微生物及检验、兽医基础、畜禽生产、牛羊病防治、猪病防治和禽病防治这几门课程列为必修课程;而部分学校结合自身特色以及本专业宠物专业方向的兴起,将宠物保健与美容技术、宠物饲养技术、特种动物养殖等课程列为必修或选修课程。

表4 同行中职学校畜牧兽医专业课程构建情况汇总

序号	课程名称	非常需要	需要	一般需要	不需要
1	畜禽解剖生理	9			
2	畜禽营养与饲料	9			
3	动物微生物及检验	9			
4	兽医基础	9			
5	畜禽生产	9			
6	牛羊病防治	9			
7	猪病防治	9			
8	禽病防治	9			
9	动物防疫与检疫技术	4	4	1	
10	中兽医基础			2	7
11	兽药、药理基础	3	3	3	
12	家畜病理学	3	3	3	
13	宠物保健与美容技术	1	1		7
14	宠物饲养技术	1	1		7
15	特种动物养殖	1		1	7
16	畜禽繁殖与改良	2	4	3	
17	兽医职业法律法规与行政执法	6	2	1	
18	其他	抚顺农业特产学校畜牧兽医专业宠物美容与养护方向开设的相关课程：宠物解剖、宠物诊疗、宠物普通病等十余门课程。			

2.同行学校对畜牧兽医专业人才素质结构要求情况

同行学校认为畜牧兽医专业人才最需具备吃苦耐劳的精神，

其次是兽医职业道德、团队协作能力和独立生活能力（见图8）。

图8　同行学校对畜牧兽医专业人才素质结构要求情况

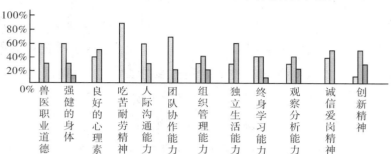

3. 同行学校对学生考取职业技能证书的要求

同行学校比较注重要求学生在校期间考取职业技能证书。在11项技能证书中（见图9），动物疫病防治员职业技能证书和动物检疫检验员职业技能证书被所有调研学校列为必需条件，说明职业教育已有意识地与市场需求对接、与职业岗位能力对接，进一步证实中职学校畜牧兽医专业实施双证书教育是符合形势发展的。

图9　同行学校对学生考取技能证书的要求情况汇总

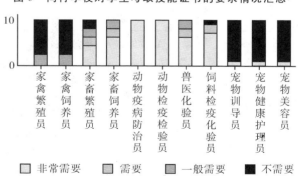

4. 同行学校对学生实习情况的要求

通过调研发现,同行学校每个学期至少会安排一次学生到养殖场、孵化场、兽药店、宠物医院、饲料公司等企业实习,在校期间学生每次到企业实习持续时间为 1 至 2 周,实习企业的种类通常为 2 到 4 种。学校主要通过要求学生实习期间写实习日记,实习结束写实习总结来掌握学生实习情况。

5. 同行学校畜牧兽医专业毕业生调研结果(见表 5)

表 5　同行中职学校畜牧兽医专业毕业生调研情况汇总

项目	调研统计
专业理论知识与实际工作要求相比	25%的毕业生表示完全够用,75%的毕业生表示基本够用。
专业技能与实际工作要求相比	25%的毕业生表示可以直接顶岗;50%的毕业生表示可以顶岗,但需要学习更多新的实际工作内容;25%的毕业生表示基本可以顶岗。
工作中需要的能力	其中70%的毕业生表示需要求真务实的实干精神,部分毕业生建议提高语言沟通技巧。
专业教学现状存在的不足	A.技能型人才培养层次单一占21%。 B.教学内容滞后,理论与实践脱节占18%。 C.课程设置和教学设施陈旧占46%。 D.缺乏与就业企业对口的实践性课程教育占15%。

续表

项目	调研统计
对学校的建议	其中过半数的毕业生认为应根据学生选择的就业方向安排专业课程和实习单位，并加强学生的顶岗、轮岗实习，增加实习项目与时间；增设职业素养、专业管理、职业法律法规相关的课程等建议。

6. 开设畜牧兽医专业的高校对中职学校专业发展及教学改革的建议

结合行业发展趋势，立足地区发展，找准定位，打造特色专业；教学中应夯实学生基础能力，培养持续学习的能力。

七、调研结论

（一）大连地区及我校畜牧兽医专业存在的主要问题

1. 畜牧兽医专业毕业生数量不能满足市场需求量

大连地区没有开设此专业的高职和本科院校，而我校是唯一开设此专业的中职学校，且每年的毕业生只有 20 人左右，在数量上还远不能满足大连市场对人才的需求。随着大连市经济的进一步发展，区域畜牧业优势的进一步体现，畜牧兽医专业人才的紧缺会进一步加剧，解决畜牧兽医高素质技能型专门人才短缺的问题已成为制约大连现代畜牧业进一步发展的关键。因此，提高本专业学生数量是首要问题。

2. 课程设置不够完善

课程设置不完善，教学内容陈旧，学校所使用的教材理论知识开设过散，实践技能训练较少，培养的学生难以满足生产实践的需要。

中高职教材的衔接不合理,课程内容重复较多,对于升入高职院校学习的学生来说会造成知识的重复学习,从而浪费了时间、人力、物力和财力。

3.师资队伍有待进一步优化

专任教师数量不足,"双师"型教师的比例过少,教学业务能力和实践经验不平衡;专业教师教学任务重,到企业的锻炼少,造成教师对企业所使用的新知识、新技术了解较少;年龄老化严重,不利于本专业今后的发展,教师的教学理念与现代教育技术的广泛应用不相称。

4.实验实训条件差

畜牧兽医专业实验实训室设备不完善,缺乏基本的专业实验室,且实验设备配备不齐全,对实习实训的安全造成了影响。

5.学生未参加职业技能鉴定

我校尚未参加畜牧兽医专业的职业技能鉴定工作。

(二)专业建设思路与教学改革建议

1.确定与行业企业需求相适应的专业培养目标

畜牧兽医专业主要面向大连市及周边区域的畜禽养殖企业、饲料企业、宠物美容院、宠物医院、兽医诊疗化验、防疫检疫部门等企事业单位,培养具有良好的思想道德品质、职业素养和文化知识,能在生产、服务第一线从事饲养员、防治员、检疫员、兽医化验员、宠物美容师等岗位的工作,具有较强实际操作能力的一线高素质劳动者和应用型技能人才。

2.确定本区域人才培养方向

结合大连地区及本校实际情况,通过分析畜牧兽医专业对应的行业企业发展现状与技术发展趋势,把握行业企业用人情况及数量需求,理清畜牧兽医专业匹配的职业领域、职业岗位与工作任务,比较同类中等职业学校畜牧兽医专业培养方向定位、培养层次定位与近年办学规模等情况,依据专业知识与岗位标准相结合、专业能力培养与岗位能力培养相结合的原则,将畜牧兽医专业人才培养方向定为畜禽生产、动物疾病防控和宠物养护3个方向。

3.设置与本地市场岗位需求相适应的专业课程

专业核心课程包括畜禽解剖生理、兽医基础、畜禽营养与饲料、畜禽生产、动物微生物及检验、动物防疫与检疫技术等6门课程;每个专业方向下辖4门专业技能课。考虑到大连地区尤其是庄河当地的实际情况,特种动物养殖(如大骨鸡养殖技术)、畜牧兽医法规与行政执法等课程将被列入专业选修课。

4.制定与本地市场岗位需求相适应的专业课程标准

标准应体现任务引领,实践导向,以工作过程任务为主线;内容上应简洁实用,把新知识、新技术、新方法融入其中,文字通俗,表达简练;总体上符合实际需求。

5.改革教学与评价方法

(1)创新实践性教学,提高学生实践操作技能。按照中职教育特点,积极探索"理论实践一体化"的教学模式,有利于学生实践能力与创新能力的培养。让学生亲自参加实践活动,培养学生的熟练操作技能。按照以就业为导向、以学生为主体的教育理念,教学过程要做到贴近企业的需要,贴近学生的就业岗位,贴近学生的就业环境。

（2）建立以能力发展为核心的评价方式，将学校评价、教师评价、同行评价、督导评价、学生评价、家长评价、行业企业评价和社会评价都纳入评价体系当中，从多个方面对学校管理、课程设置、教师教学、学生学习、学生实习、学生的综合素质及学生毕业后个人发展做出评价。对学生的学业考核评价内容应兼顾认知、技能、情感等方面，要加强对教学过程的质量监控，改革教学评价的标准和方法，促进教师教学能力的提升，保证教学质量。

6.改善实习实训条件，完善学生职业技能鉴定工作的实施

争取获得政府财政投入，按照国家标准购置实验实训设备，逐渐改善实训条件，满足学校教学的需要；完善学生职业技能鉴定工作的实施，进一步增强学生适应工作岗位的能力。

7.加强师资队伍建设，增进与用人单位的联系

加强"双师"型教师队伍建设，提高专业教师职业教育能力及实践能力，重视用人单位的信息反馈，及时了解市场信息，确定用人单位对人才的需求情况；了解生产实践中所需的新知识、新工艺、新技术、新方法，调整教学方案，更新教学内容，满足就业市场的需求。

庄河市职业教育中心

2016 年 10 月 16 日